SPACE STATION ACADEMY

太空学院
疯狂的火星

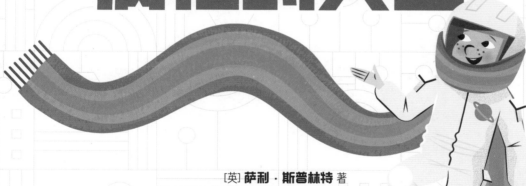

[英] **萨利·斯普林特** 著

[英] **马克·罗孚** 绘 **罗乔音** 译

中信出版集团 | 北京

图书在版编目（CIP）数据

疯狂的火星 /（英）萨利·斯普林特著；罗乔音译；
（英）马克·罗孚绘． -- 北京：中信出版社，2025.1.
（太空学院）． -- ISBN 978-7-5217-7219-7

Ⅰ．P185.3-49

中国国家版本馆 CIP 数据核字第 2024A7M763 号

Space Station Academy: Destination Mars

First published in Great Britain in 2023 by Wayland

© Hodder and Stoughton Limited, 2023

Editor: Paul Rockett

Design and illustration: Mark Ruffle

Simplified Chinese translation copyright © 2025 by CITIC Press Corporation

ALL RIGHTS RESERVED

疯狂的火星

（太空学院）

著　　者：[英]萨利·斯普林特

绘　　者：[英]马克·罗孚

译　　者：罗乔音

出版发行：中信出版集团股份有限公司

　　　　　（北京市朝阳区东三环北路 27 号嘉铭中心　邮编　100020）

承　印　者：北京瑞禾彩色印刷有限公司

开　　本：787mm×1092mm　1/16　　印　张：24　　字　数：960 千字

版　　次：2025 年 1 月第 1 版　　　　　印　次：2025 年 1 月第 1 次印刷

京权图字：01-2024-3958

书　　号：ISBN 978-7-5217-7219-7

定　　价：148.00 元（全 12 册）

图书策划　巨眼

策划编辑　陈瑜

责任编辑　王琳

营　　销　中信童书营销中心

装帧设计　李然

目录

本书人物

波特博士

莫莫

莎拉

麦克

星

乐迪

目的地：火星

欢迎大家来到神奇的星际学校——太空学院！在这里，我们将带大家一起遨游太空。快登上空间站飞船，和我一起学习太阳系的知识吧！

这天晚上，太空学院正接近火星。这时，乐迪在研究火星上的生命——或者她只是在看恐怖故事？

正当勇敢的航天员们站在火星上，感叹着它的美丽，岩石突然开始移动。一些岩石立起来变成了腿，而另一些岩石跳到上面，变成了身体、胳膊和脑袋！

原来，它们根本不是石头，而是可怕的火星怪物！这些怪物看着无助的人类，它们锋利可怕的牙齿咬得格格作响。

几个航天员都惊呆了，动也动不了，叫也叫不出来，只能呆呆地看着怪物逐渐包围他们……

大家早上好！我们马上就要到火星了，它是一颗明亮、灿烂的红色星球。说说看，你们知道哪些关于火星的知识？

火星是离太阳第四近的行星，平均直径 6 794 千米，大概是地球直径的一半。

火星离太阳有 2.28 亿千米，离地球最近时仅有 5 500 万千米，最远时达 4 亿千米。

现在，我们可以看清楚火星的全貌了，大家看到了什么？

它真的是红色的！

火星看起来是红色的，是因为它的土壤中含有很多氧化铁。铁遇到氧气，经过反应，就生成了红色的氧化铁，地球上也会发生这种现象。

和地球一样，火星也有白色极冠。

没错！火星的两极都有冰，其中有一部分是冰冻的二氧化碳。地球两极的冰是冻结的水。

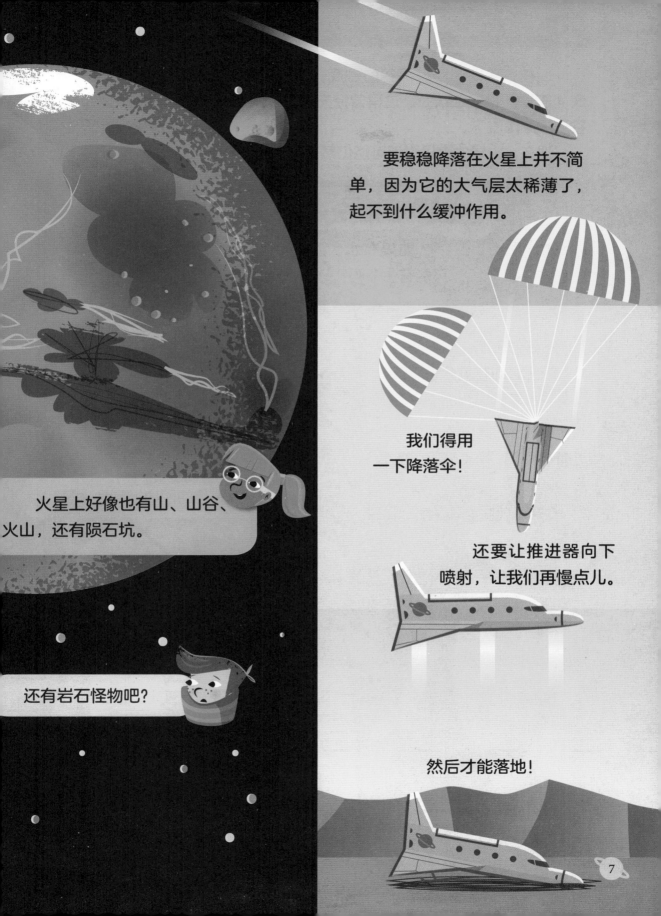

要稳稳降落在火星上并不简单，因为它的大气层太稀薄了，起不到什么缓冲作用。

火星上好像也有山、山谷、火山，还有陨石坑。

我们得用一下降落伞！

还要让推进器向下喷射，让我们再慢点儿。

还有岩石怪物吧？

然后才能落地！

现在，我们在厄科深谷的谷底。这个峡谷长100千米，宽10千米，深4千米。科学家认为，这里曾经充满了水，还有一条壮观的大瀑布从峡谷边缘滚滚流下。

现在，火星的南极附近可能仍然有地下水。

如果有水，那火星上可能有生命吗？

研究表明，岩石里有一些古老的有机分子，这表明火星上也有可能存在生命。

麦克，你的围巾拖到地上了！

厄科深谷大瀑布

科学家们还发现，火星上的甲烷含量在不断变化。甲烷可能来自某种生物，它和牛打嗝时产生的气体是一样的！

打嗝的火星奶牛！哦，在哪儿呢？难道在地下吗？

别紧张，麦克，火星上目前没发现任何生物！

火卫一

火星绕太阳转一圈需要 687 天，比地球上的一年还要久。火星和地球的公转速度相近，地球是约每秒 29.79 千米，火星是约每秒 24.13 千米。因为火星离太阳更远，所以它的轨道更长。火星上的一天是 24 小时 37 分钟，只比地球长一点儿。

幸好你有围巾，麦克。火星上很冷，它的表面温度从 −132℃ 到 28℃。而且，因为大气稀薄，火星上的热量很容易消散。

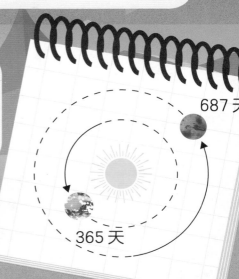

687 天

365 天

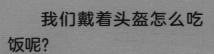
我们戴着头盔怎么吃饭呢？

火卫二

看！火星的两颗卫星！

火星有两颗卫星，火卫一和火卫二。火卫一体积更大，不过，它们俩几乎算是太阳系最小的两颗卫星了。火卫一飞行速度很快，一天能绕火星公转3周；火卫二却要花大约30小时才能公转1周。

它们看着有点儿像坑坑洼洼的土豆！

火卫一在运行过程中离火星越来越近，每100年就会靠近1.8米。最终，它会撞在火星上，也可能会破碎，在火星周围形成一圈星环。不过，这都是5000万年之后的事啦。

撞上火星！要不我们赶紧走吧？

火星上有许多壮丽的自然奇观，比如我们眼前的水手峡谷，它是太阳系最大的峡谷。

别被自己的围巾绊倒了，麦克！不然我到时候还要把你从谷底捞上来。

哇！水手峡谷有多大？

太神奇了，波特博士，它是怎么形成的？

有些科学家认为，水手峡谷是火星壳断裂时形成的。附近的火山应该爆发过，撕裂了火星壳，留下了这个巨大的山谷。也有证据表明，峡谷中有些地方曾有水流过。

它有 600 千米宽，8 千米深，3 000 多千米长。

我好像看到那些石头动了！那是什么？看起来像只变异的火星老鼠！

那就是普通的石头，麦克。石头没动，火星上也没有生物。

不过，大家看看这块岩石吧！其实它不能算是岩石，而是一座巨大的火山，叫奥林帕斯山。奥林帕斯山宽 624 千米，高 21 千米，几乎是珠穆朗玛峰的 3 倍！

为什么它不是尖尖的？和我们在地球上看到的不一样啊。

因为奥林帕斯山是盾状火山。它的形成过程是这样的：熔岩缓缓流出，层层堆积，最终形成了一座坡度平缓的火山。

火星、地球、金星和木星的卫星木卫一上都有盾状火山。盾状火山的山顶有一处凹陷，叫破火山口。奥林帕斯山的火山口跨径 85 千米。

观测表明，奥林帕斯山的部分熔岩形成得很晚，这说明它可能会再次喷发，而且随时都可能发生。

我们可以走了吗？哦，糟了！我听到了奇怪的声音！我们快跑吧！

那到底是什么？

那是火星车，它负责探测火星的岩石和土壤，寻找存在过的水或生命的痕迹。它还会在火星上完成一系列实验。

火星车还有个伙伴，是一架迷你直升机。它可以测试在稀薄的火星大气中飞行的难度。

火星车

说明书

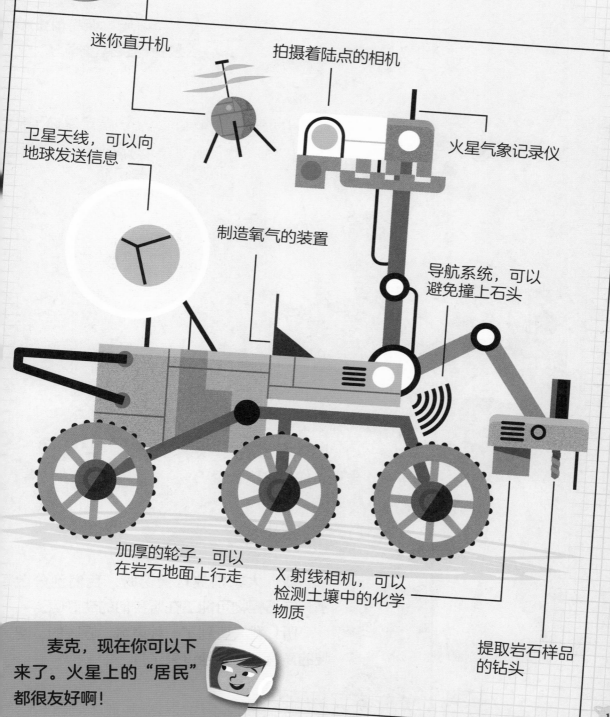

迷你直升机

拍摄着陆点的相机

卫星天线，可以向
地球发送信息

火星气象记录仪

制造氧气的装置

导航系统，可以
避免撞上石头

加厚的轮子，可以
在岩石地面上行走

X射线相机，可以
检测土壤中的化学
物质

提取岩石样品
的钻头

麦克，现在你可以下
来了。火星上的"居民"
都很友好啊！

沙尘暴来了！！

火星上常常会突然刮起沙尘暴，有时候会刮过整颗星球！

救命啊！

你们在哪儿？

看不到路了！

三明治要进沙子了！

好吧，大家待在原地别动！我来找你们。乐迪，大声冲我喊。

我在这儿，麦克！这里！

现在只剩波特博士了。

波特博士，叫我一声吧！

我看到它的灯光了。

我听到它的声音了。

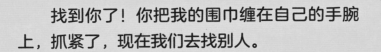

找到你了！你把我的围巾缠在自己的手腕上，抓紧了，现在我们去找别人。

我是星，我在这儿！

抓到你了，莎拉呢？

在这儿！你真勇敢，麦克。

这没什么大不了的。

干得漂亮，麦克！

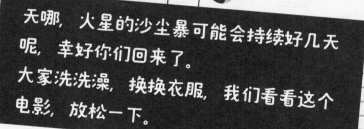

天哪，火星的沙尘暴可能会持续好几天呢，幸好你们回来了。

大家洗洗澡，换换衣服，我们看看这个电影，放松一下。

我绝对不看这个，莫莫！

我想，这星期我们受到的惊吓已经够多了！

太空学院的课外活动

太空学院的同学们参观了火星之后，产生了很多新奇的想法，想要探索更多事物。你愿意加入他们吗？

波特博士的实验

制作一架属于你的火星直升机。

材料

· 纸或薄卡片
· 曲别针
· 胶带
· 剪刀

方法

按照下图把一张纸剪开并折叠（沿实线剪开，沿虚线折叠）。

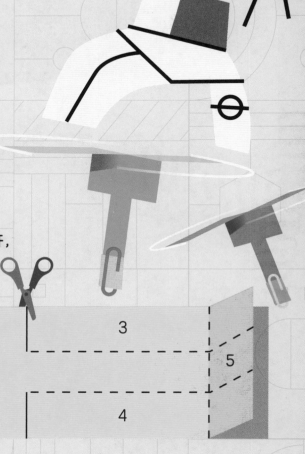

在 1 和 2 之间剪一刀，把它们往相反方向折，这就是直升机的螺旋桨片。先折 5，再折 3 和 4，然后用胶带固定末端。

在胶带上别一个曲别针。然后把它抛向空中，发射！

观察与思考

当你抛出直升机时，会发生什么？为什么直升机需要投掷才能飞出去？

更多可能

尝试改变直升机的大小，让它飞得更高更远。试试用不同的方法折叠螺旋桨片。如果制作直升机时不加曲别针，结果会怎样？

禾迪和麦克了解的火星小知识

火星的最内部，也就是它的核心，是由铁、镍和硫构成的。

火星的大气层本来就比地球的更稀薄，加上太阳风不时侵袭，又变得更稀薄了。

火星

核心

太阳风

星的火星数学题

麦克的奶奶 1 小时能织 30 厘米长的围巾。麦克在火星上戴的围巾有 3.45 米长，请算一算，奶奶织了多久？

莎拉的火星图片展览

我有几张神奇的火星照片，大家快来看看吧！

这张照片中可以看到火星的极地地区，中间横亘着长长的水手峡谷，左边是巨大的火山。

这是水手峡谷的近景，它像火星上一条长长的疤痕。

莫莫的调研项目

科学家打算在火星上建造基地，快去查查这是怎么回事吧！

然后，自己设计一座基地。

想一想：

·你会如何建造基地？
·你会用什么材料建造？
·谁会住在里面？

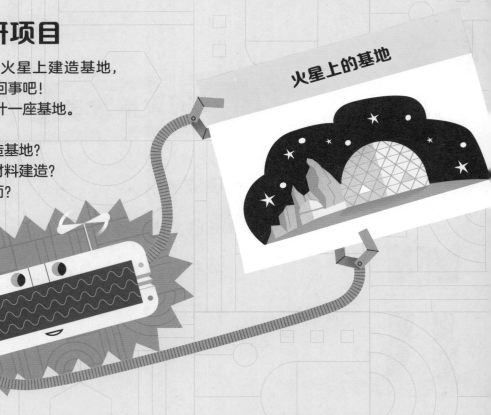

火星上的基地

这是 1976 年拍下的火星表面的照片。

这是绕着火星公转的两颗卫星——火卫一和火卫二。

数学题答案

11.5 小时。

词语表

大气层：环绕行星或卫星的一层气体。

壳：本书中指行星地面的最外层或最顶层。

轨道：本书中指天体运行的轨道，即绕恒星或行星旋转的轨迹。

太阳系：由太阳以及一系列绕太阳转的天体构成。

卫星：围绕行星运转的天然天体。

峡谷：河流侵蚀岩石形成的山谷，两旁有峭壁。

引力：将一个物体拉向另一个物体的力。

有机分子：生物体拥有的或产生的最小微粒。

陨石坑：天体（比如月球）表面由小天体撞击而产生的巨大的、碗状的坑。

直径：通过圆心或球心且两端都在圆周或球面上的线段。